1米

1米

1米

U0241405

画出自己的角色

行星**103NR号弹射器**
参赛者**幽灵**
姓名 _____

描述
103NR号弹射器是一颗短周期中子星。它的能量会随着时间流逝而消耗，同时生长令人难以置信的存在。

幽灵可以接受任何形式的能量，会在战斗中展示出高速移动的能力与无法预测的行为。

特点
+快速攻击。在每轮开始时就能让对手损失一格健康值。

+复活。如果幽灵输掉一轮，可重新战斗一次。

−防御薄弱。在每轮开始时，该角色只有两格健康值。

行星**地球**
参赛者**技术忍者**
姓名 _____

描述
地球是一颗蓝色的星球。土地广阔，拥有多样技术，贸易市场发达。太空港建在一片自然保护区旁，人们只能在里面散步，享受最后一个小岛的自然风光，其他人类活动都被禁止。

技术忍者是日本氏族秘密战斗联盟。这些优秀的战士掌握了所有的现代武器和战斗艺术。

特点
无。

星系 _____
参赛者 _____
姓名 _____

描述

特点

星系**仙女座**
参赛者**蜂巢**
姓名 _____

描述
仙女座是一个大家很早就熟知的遥远星系。

整个星系都住着蜜蜂，它们都是从蜂箱出生的宇宙蜂。蜜蜂开发星系的速度十分惊人，但根据约定，它们不能侵占已有定居者的星系。

特点
+防御强。在每轮竞赛开始时角色可以额外增加三格健康值。

−长时间的恢复。每个阶段竞赛的第二轮和第四轮的健康值取决于上一轮比赛受到的伤害值。

欢迎你来到星际骑士大赛场！

这是唯一一场邀请了全宇宙骑士参与的骑士大赛。你大概知道，其他参赛骑士和地球骑士可不怎么相像，准确地说，一点也不像，要知道他们是外星骑士。所以说，没什么可惊奇的。

比赛的规则这几个世纪以来从没变过：在真诚的决斗中战胜所有对手，成为最后的胜利者！

大赛共有来自5个遥远星球的参赛者，每个星球派出6名队员参加决斗。书中每部分都有关于这些星球和它的居民的信息，请在每一轮比赛中都认真地研究这些信息吧，知己知彼，百战不殆！

也许你已经选好了自己的角色？现在我们需要将你的全息图像制作成参赛者卡片，存入我们的数据库中。每个参赛者都有一张这样的卡片，比赛程序对于所有参赛者都是一样的。

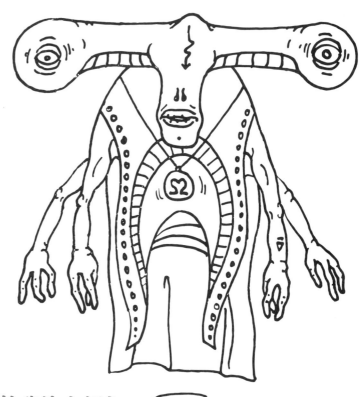

请给我涂上颜色

3

3

健康值

如果你在防守题中犯错，请在答案处画✕，并涂上一格健康值。

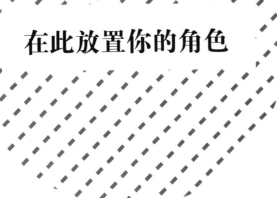

3 × 3 = ✕

为你的角色
涂上颜色

在此放置你的角色

✧ 2 × 2 =
攻击题

🛡 2 × 3 =
防守题

① 解答所有题。

② 检查答案。

③ 计算战斗结果。

如果你成功解出攻击题，请在答案后画✓，并给对手的一格健康值涂上颜色。

健康值

5 x 1 =　　✓

给对手涂上颜色

2 x 1 =

2 x 4 =

4 x 2 =

1米

图中标示的高度为1米，据此可以判断对手的大小。

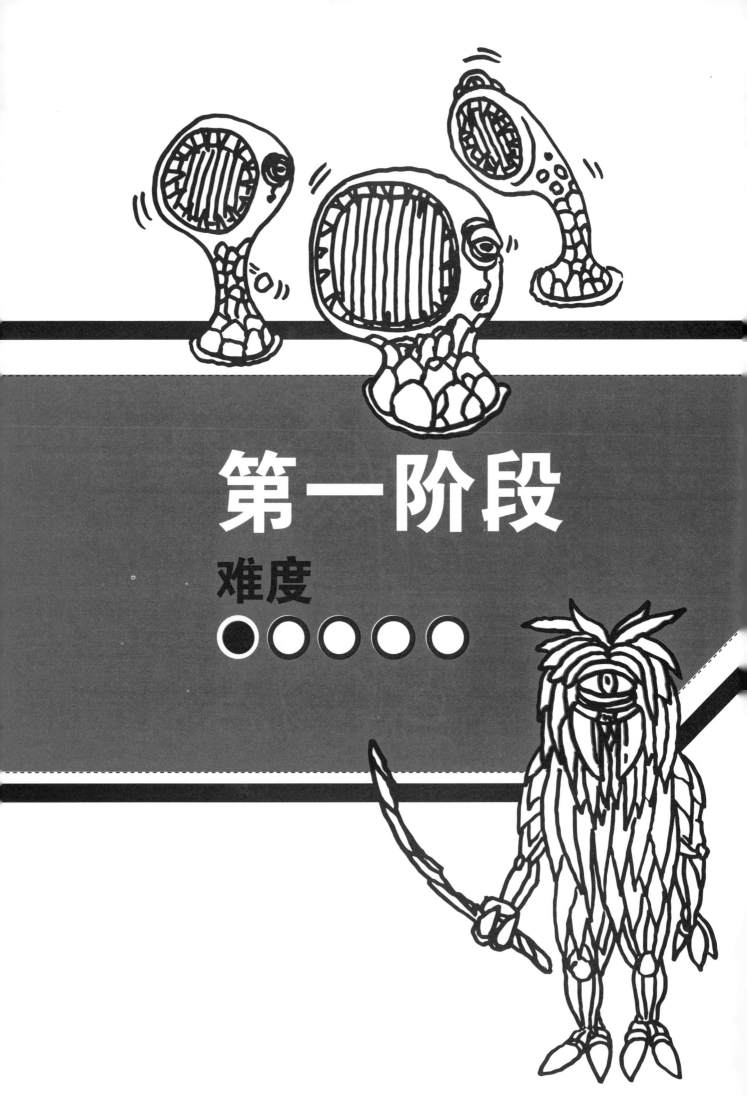

第一阶段

难度

●○○○○

你将与第一批对手战斗，来检验自己的实力。

你的**角色**

随着比赛的进行，你的角色会越来越有经验。

$2 \times 3 =$

$1 \times 4 =$

$2 \times 2 =$

在此放置你的角色

$5 \times 1 =$

$2 \times 4 =$

$1 \times 6 =$

星球

5

$3 \times 2 =$

$4 \times 2 =$

$1 \times 8 =$

1米

$6 \times 2 =$

$2 \times 7 =$

$2 \times 5 =$

布里安（译注：星球的名字）

🛡 1 × 9 =

✦ 5 × 3 =

✦ 2 × 4 =

🛡 5 × 2 =

在此放置你的角色

✦ 1 × 2 =

✦ 3 × 6 =

🛡 2 × 6 =

星球

5

✳ $3 \times 2 =$

✳ $3 \times 3 =$

1米

✳ $4 \times 3 =$

⛊ $3 \times 5 =$

⛊ $7 \times 2 =$

32A74C

你的**角色**

 4

$2 \times 2 =$

$3 \times 4 =$

$2 \times 6 =$

在此放置你的角色

$3 \times 5 =$

$4 \times 2 =$

$1 \times 7 =$

星球

5

✦ 2 × 7 =

✦ 2 × 8 =

✦ 3 × 6 =

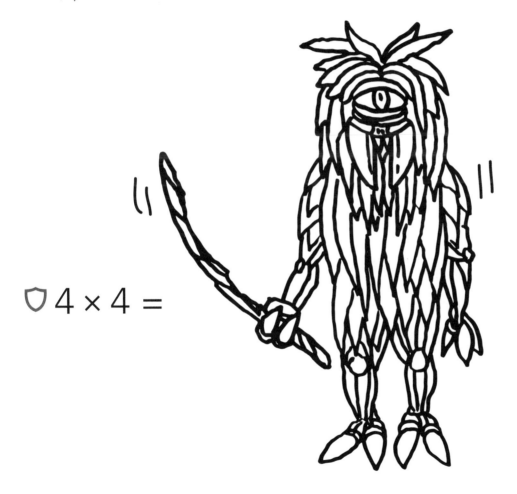

🛡 4 × 4 =

1米

✦ 9 × 2 =

🛡 1 × 5 =

扎里巴尔

✵ 3 × 2 =

🛡 3 × 1 =

🛡 3 × 6 =

✵ 7 × 2 =

在此放置你的角色

✵ 3 × 9 =

🛡 8 × 2 =

✵ 6 × 2 =

星球

5

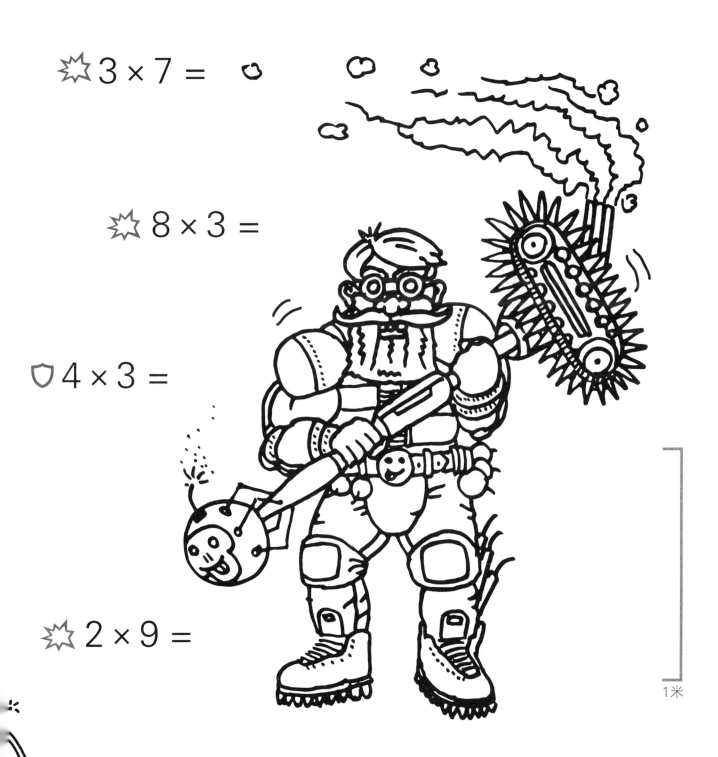

☆ 3 × 7 =

☆ 8 × 3 =

🛡 4 × 3 =

☆ 2 × 9 =

🛡 4 × 4 =

1米

气体扎克

$3 \times 4 =$

$4 \times 2 =$

$4 \times 5 =$

$8 \times 2 =$

在此放置你的角色

$7 \times 3 =$

$2 \times 4 =$

$3 \times 8 =$

星球

5

 $2 \times 9 =$

 $4 \times 6 =$

1米

$5 \times 3 =$

$2 \times 8 =$

$2 \times 5 =$

基·克里·斯特尔

为星球涂上
颜色

星球：**布里安**　　　代表：**除尘者**

你想征服龙卷风吗？来布里安星球吧！整个星球沙尘暴肆虐，强风吹来的不止是尘土，还有部分有机食物。

布里安星球的居民被称作除尘者，它们的大嘴中带有复杂的过滤装置，除尘者就是靠它才得以在布里安星球生存下去的。

星球标志（球徽）

除尘者的确吸入了沙尘暴，但灰尘经由过滤系统通过侧面的腮排出，剩下的有机食物会进入胃中。

除尘者是智慧生物。有数据表明它们与地球上的鲸鱼有心灵感应。

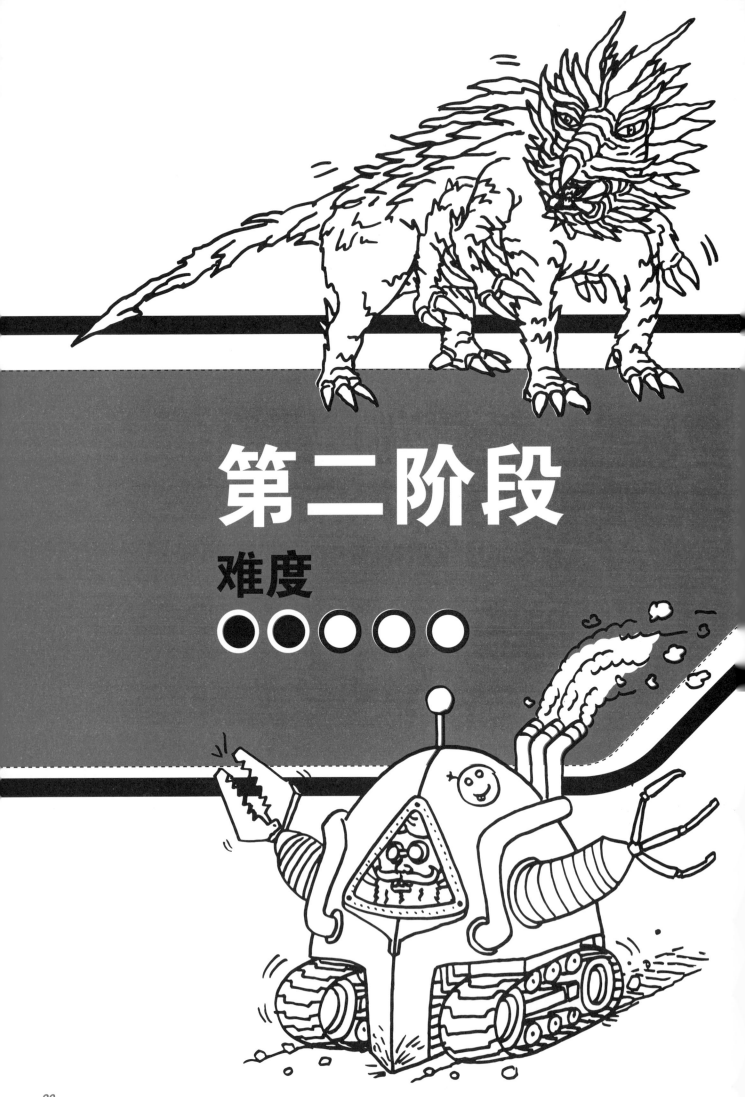

第二阶段

难度

●●○○○

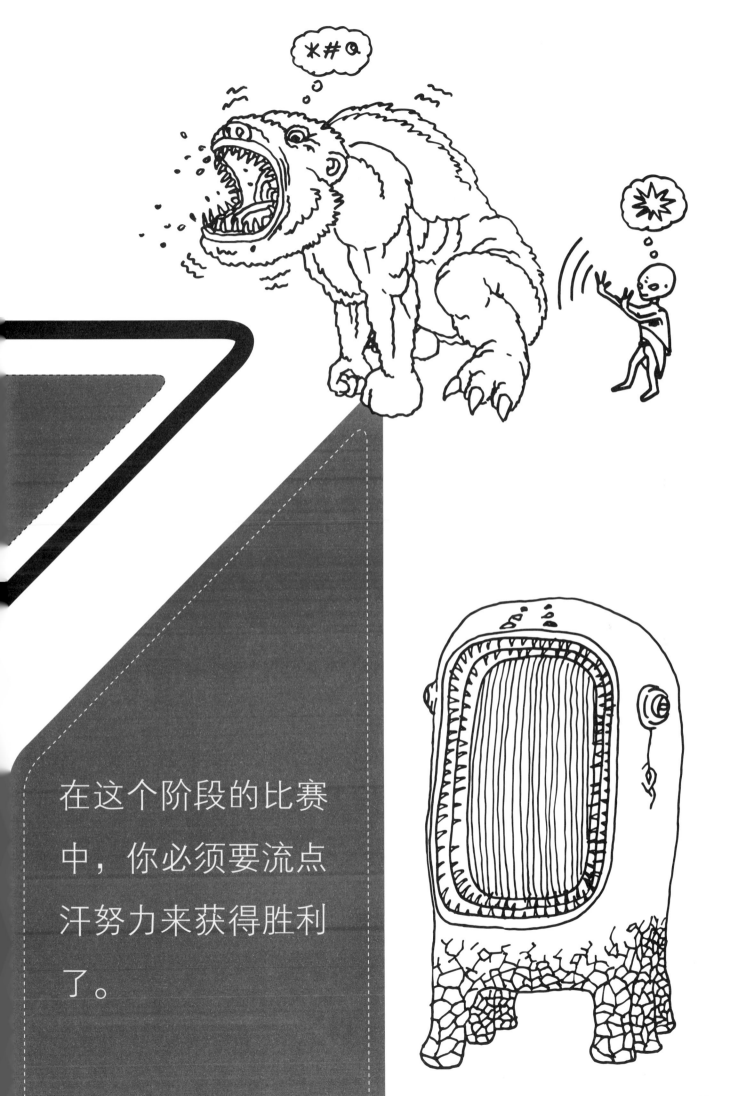

在这个阶段的比赛中，你必须要流点汗努力来获得胜利了。

🛡 $2 \times 3 =$

✴ $5 \times 2 =$

✴ $5 \times 3 =$

🛡 $4 \times 5 =$

在此放置你的角色

🛡 $6 \times 5 =$

✴ $7 \times 2 =$

✴ $6 \times 3 =$

🛡 $4 \times 6 =$

星球

☆ $6 \times 6 =$

☆ $5 \times 6 =$

☆ $5 \times 5 =$

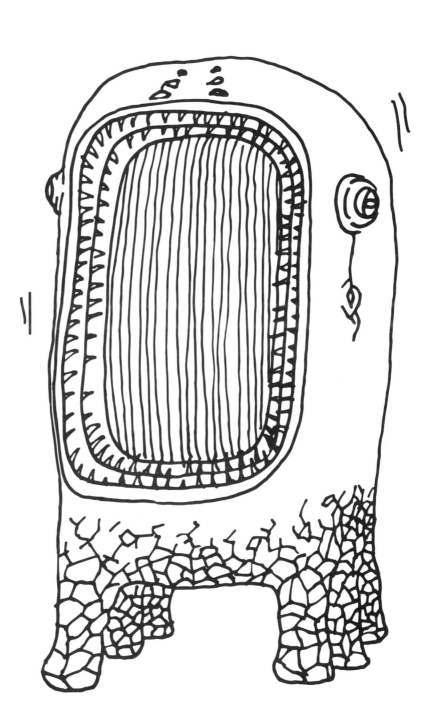

1米

⛨ $2 \times 9 =$

⛨ $3 \times 8 =$

布里安

2 × 2 =

3 × 3 =

4 × 4 =

5 × 5 =

6 × 2 =

在此放置你的角色

7 × 2 =

7 × 3 =

5 × 7 =

7 × 4 =

星球

6

🛡6 × 7 =

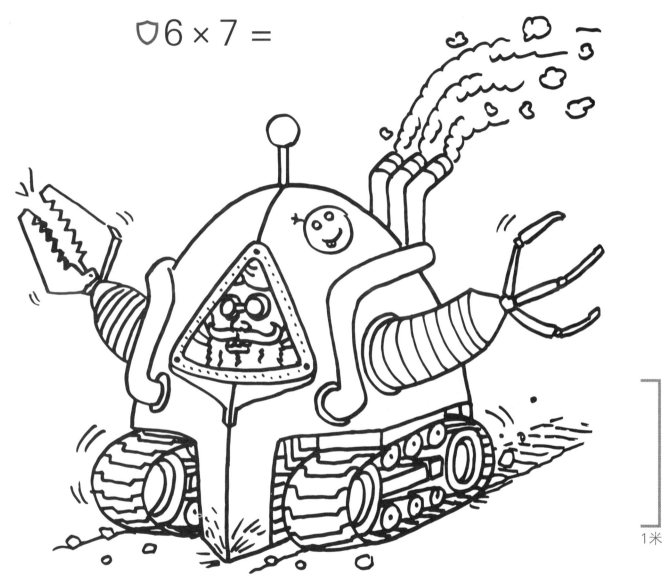

1米

✨8 × 1 =

🛡8 × 2 =

✨4 × 8 =

气体扎克

5

🛡 7 × 5 =   🛡 7 × 7 =

💥 7 × 6 =   🛡 4 × 9 =

🛡 5 × 8 =

在此放置你的角色

💥 5 × 9 =

💥 6 × 8 =

💥 2 × 3 =

🛡 2 × 5 =

星球

6

☼ 2 × 7 =

☼ 3 × 7 =

⛨ 3 × 9 =

☼ 6 × 4 =

32A74C

5

2 × 6 =

3 × 1 =

3 × 5 =

3 × 3 =

3 × 4 =

2 × 8 =

在此放置你的角色

4 × 5 =

4 × 7 =

5 × 1 =

4 × 8 =

星球

难度 ●●○○○

对手

他叫什么?

6

☆ 5 × 4 =

在刻度上标出1
米的长度。

发挥想象，画出一只萤火虫。

☆ 4 × 6 =

☆ 5 × 6 =

基·克里·斯特尔

🛡 5 × 2 =

🛡 5 × 4 =

✸ 5 × 3 =

在此放置你的角色

🛡 5 × 6 =

✸ 5 × 7 =

星球

🛡 5 × 8 =

✴ 6 × 3 =

✴ 6 × 5 =

🛡 6 × 7 =

✴ 6 × 8 =

✴ 6 × 4 =

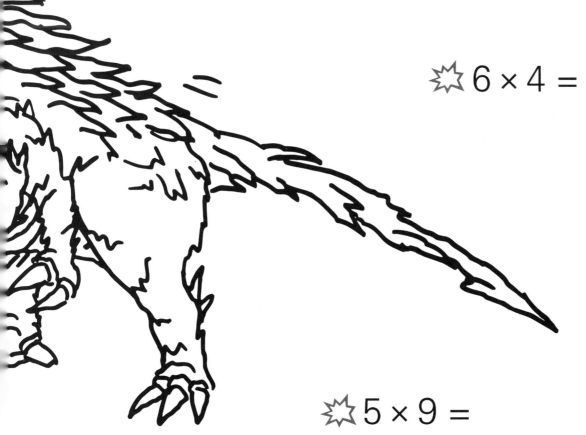

1米

✴ 5 × 9 =

🛡 6 × 9 =

扎里巴尔

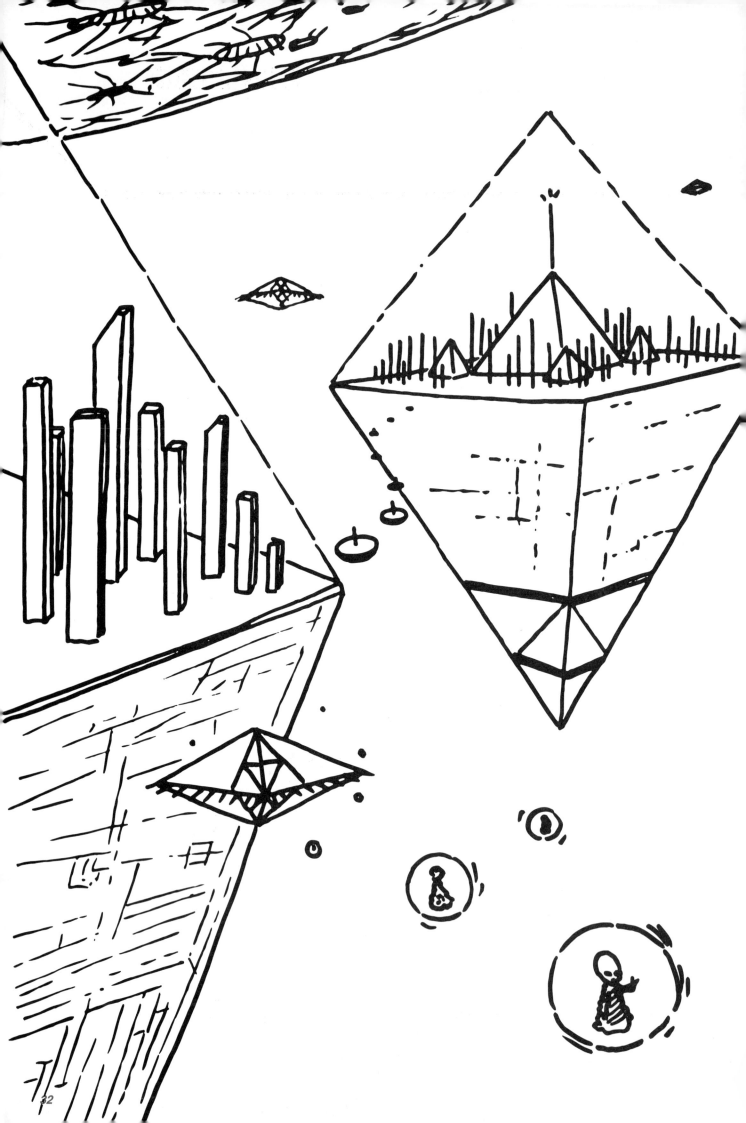

32

西乌尔基亚星球曾是个美丽的星球。这里曾经鸟语花香，并生活着会飞的鳄鱼。这个星球的居民是外星人，不过只有地球人才会这么称呼他们。

外星人选择了工业基因的发展道路。他们决定制造机器，再用机器生产其他机器……这样的发展导致整个星球不剩一朵花、一只鸟，也没有了会飞的鳄鱼。而在两个国家间爆发的最后一场战争让这个星球不再适合生活。

外星人自此明白了很多，首先他们学会了彼此和睦相处。多年来他们一直在寻找适合自己的星球，却没有找到比家乡更好的星球，只可惜，西乌尔基亚星球已经受伤了。

于是，外星人决定在家乡旁边的星球上建立城市，这样家乡就会一直提醒他们曾经做过的蠢事。

每个城市都是金字塔形，且中心还有另一个金字塔，在这个中心的金字塔中还有一个巨大的西乌尔基亚星球模型。星球的名字对于外星人来说是神圣的，所以他们决定选取一个别人无法说出的名字。外星人用密码32A74C代替了星球的名字。一些文明社会依旧用西乌尔基亚来称呼他们的星球，这让外星人十分生气。

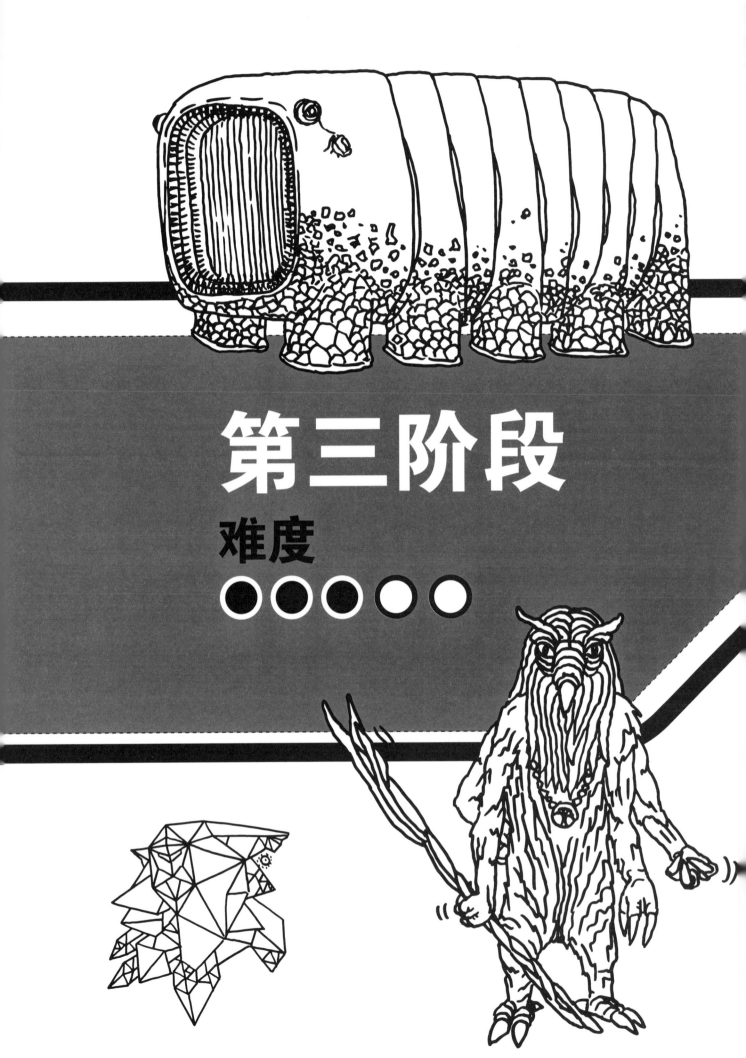

第三阶段

难度

●●●○○

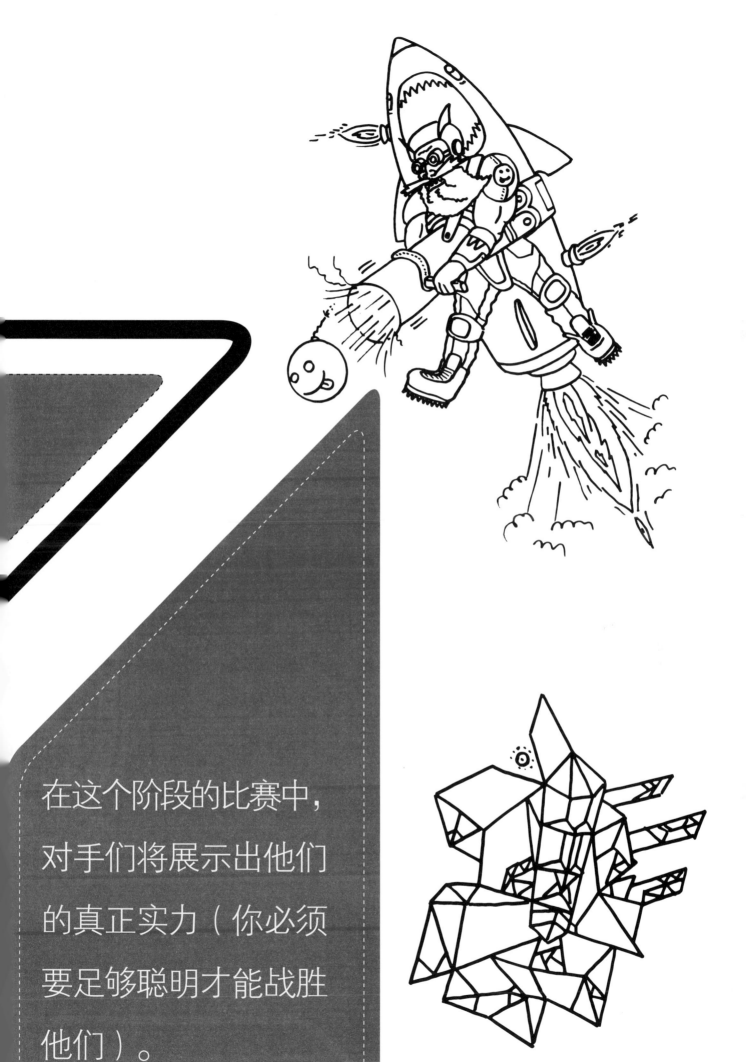

在这个阶段的比赛中，对手们将展示出他们的真正实力（你必须要足够聪明才能战胜他们）。

🛡 1 × 1 =

🛡 1 × 2 =

🛡 3 × 5 =

✸ 10 × 1 =

✸ 10 × 2 =

在此放置你的角色

🛡 1 × 3 =

🛡 1 × 4 =

✸ 11 × 3 =

✸ 10 × 4 =

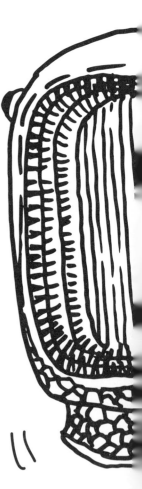

星球

⛨ 1 × 6 =

✺ 10 × 7 =

⛨ 5 × 7 =

为组合攻击
涂上颜色 ✺✺ 11 × 6 =

✺ 5 × 8 =

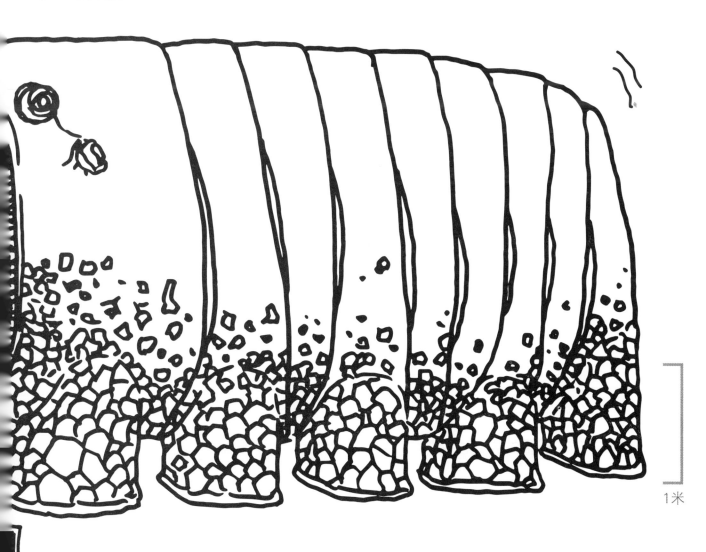

1米

✺✺ 5 × 9 =

布里安

你的**角色**

☆ 5 × 4 =

☆ 7 × 4 =

🛡 3 × 1 =

☆ 3 × 10 =

☆ 37 × 1 =

在此放置你的角色

🛡 6 × 3 =

☆ 6 × 4 =

🛡 6 × 6 =

🛡 7 × 5 =

🛡🛡 6 × 5 =

你的角色受到了
组合攻击。

星球

7

🛡 4 × 1 =

✴ 6 × 2 =

想象并画出一个
外星人对手。

✴ 5 × 5 =

✴ 7 × 6 =

32A74C

✴✴ 4 × 12 =

6

🛡 6 × 10 =

🛡 6 × 12 =

💥 6 × 11 =

💥 6 × 6 =

💥 6 × 7 =

在此放置你的角色

💥 6 × 9 =

💥 7 × 6 =

🛡 6 × 8 =

🛡 7 × 7 =

星球

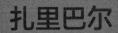

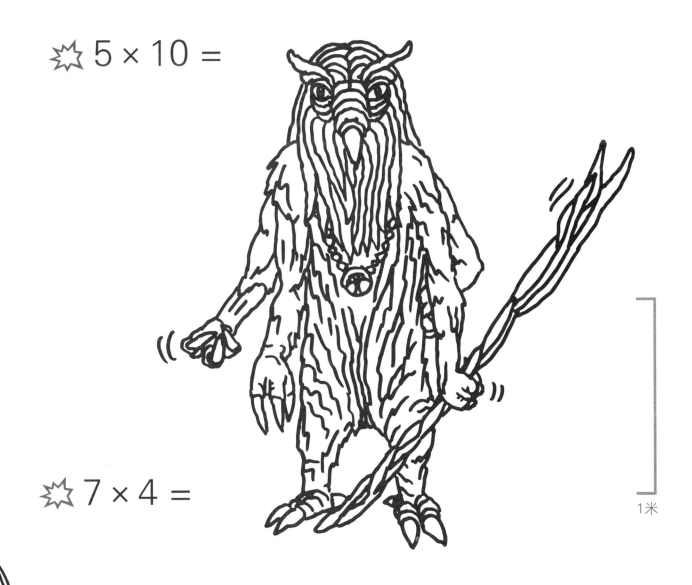

7

$5 \times 11 =$

$5 \times 12 =$

$7 \times 5 =$

$5 \times 10 =$

$7 \times 4 =$

$7 \times 8 =$

1米

扎里巴尔

✦ 1 × 90 =

◇ 1 × 7 =

✦ 10 × 7 =

◇◇ 12 × 7 =

✦ 3 × 8 =

✦ 3 × 9 =

在此放置你的角色

◇ 4 × 11 =

✦ 4 × 2 =

✦ 2 × 9 =

✦✦ 4 × 20 =

◇◇ 40 × 2 =

星球

8

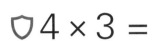 $4 \times 3 =$

$4 \times 8 =$

$4 \times 7 =$

1米

$4 \times 9 =$

基·克里·斯特尔

6 × 2 =

6 × 20 =

6 × 21 =

6 × 9 =

7 × 3 =

7 × 7 =

在此放置你的角色

7 × 8 =

7 × 9 =

8 × 3 =

8 × 4 =

8 × 6 =

8 × 8 =

星球

7

⛊ 8 × 7 =

✸ 8 × 5 =

⛊⛊ 8 × 9 =

1米

气体扎克

当你来到扎里巴尔时，这里的每一寸土地都仿佛散发着能量。的确是这样，这里的一切都生机勃勃，有绿色、黄色、蓝色、棕红色和红色，他们美丽而危险。这里还有奇妙的植物和动物、绵长的山脉、无尽的平原和难以想象的瀑布。

扎里巴尔星球上的每一种生物都有智慧。因此，假设淡紫色的格里簇（一种蕨类植物）可以与阿拉古拉（飞蛇）在日落时分安静地交谈。也许正因为如此，在扎里巴尔星球上的所有生物可以互相理解，维持了行星平衡运行的力量。

不过大多数生物都不反对在比赛的竞技场上展示自己的实力。

为了来参加比赛，扎里巴尔聪明的生物们用苏可可地区的树叶建造了一艘太空飞船。这些巨大的叶子可以阻挡太空辐射、保持飞船舱内的温度、制造足够的氧气，并保障了宇航员们在飞行期间的食物需求。这些叶子被卷起并折叠，看起来就像一艘大船。

参赛者还在这艘船上加入了一些巨大的布尔，他们与地球上的马勃菇十分相像。如果布尔们很开心，他们爆发出的笑声将产生大幅度的加速。

这次是西拉们来参加比赛，他们都是经验丰富且危险的战士。欢迎！

47

第四阶段

难度

● ● ● ● ○

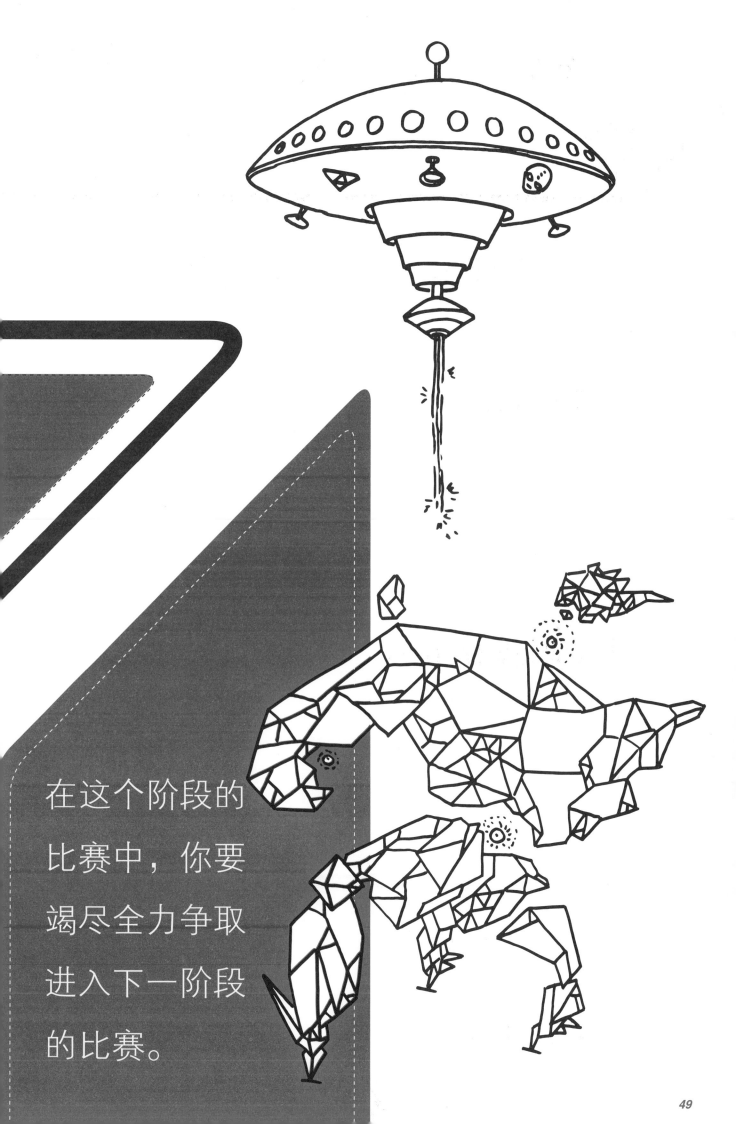

在这个阶段的
比赛中，你要
竭尽全力争取
进入下一阶段
的比赛。

$7 \times 5 =$

$7 \times 7 =$

$7 \times 8 =$

$7 \times 6 =$

$7 \times 9 =$

在此放置你的角色

$7 \times 10 =$

$7 \times 13 =$

$8 \times 1 =$

$8 \times 11 =$

星球

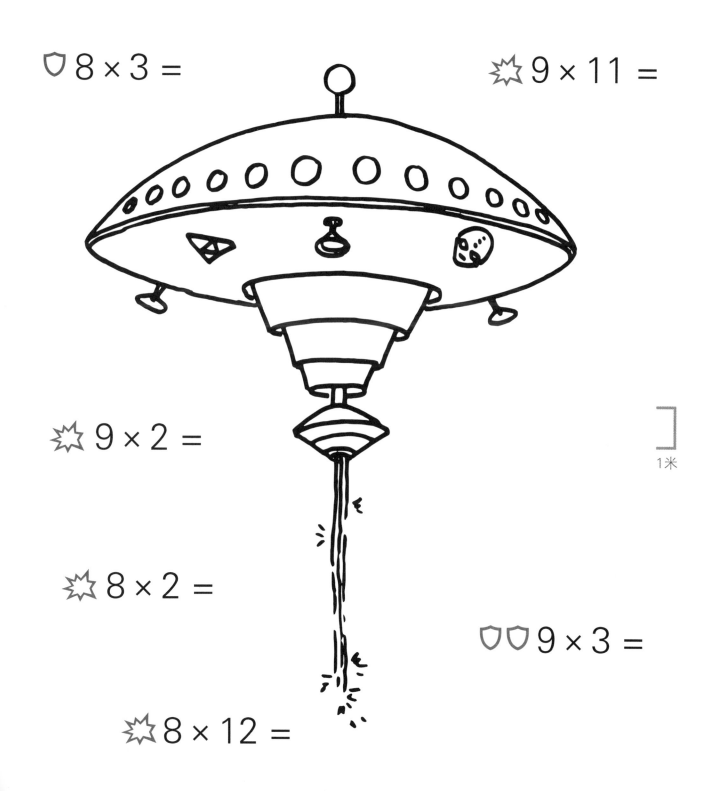

$8 \times 3 =$

$9 \times 11 =$

$9 \times 2 =$

$8 \times 2 =$

$9 \times 3 =$

1米

$8 \times 12 =$

$8 \times 7 =$

32A74C

7

7 × 1 =

4 × 7 =

7 × 10 =

7 × 11 =

7 × 13 =

4 × 9 =

20 × 2 =

在此放置你的角色

2 × 1 =

22 × 2 =

7 × 8 =

8 × 6 =

7 × 9 =

星球

$8 \times 4 =$

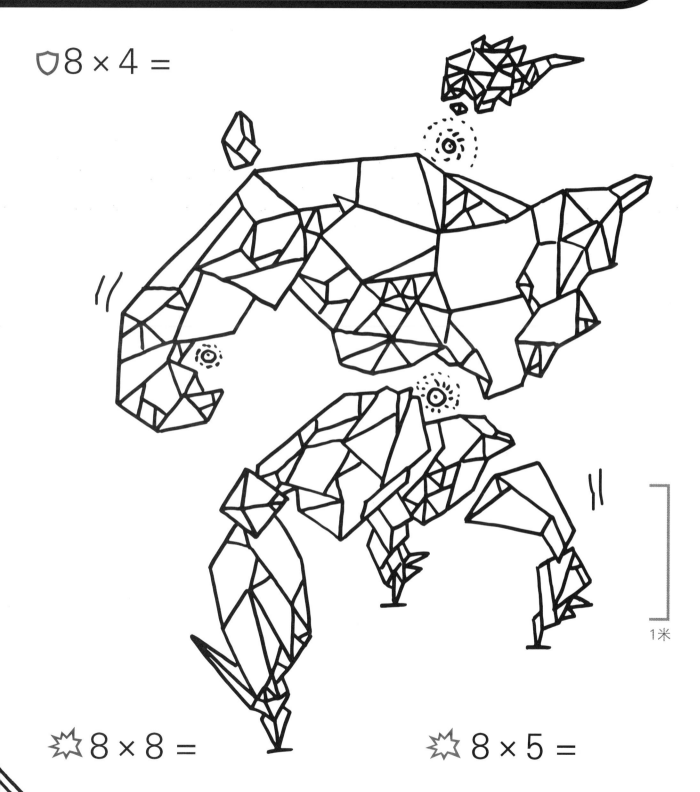

1米

$8 \times 8 =$

$8 \times 5 =$

$8 \times 7 =$

基·克里·斯特尔

8 × 9 =

9 × 1 =

9 × 3 =

9 × 11 =

9 × 2 =

9 × 8 =

在此放置你的角色

9 × 4 =

9 × 9 =

9 × 6 =

9 × 5 =

9 × 7 =

星球

难度 ●●●●○

对手

9

4 × 9 =

2 × 20 =

发挥想象，画出
一个除尘者对手。

2 × 25 =

2 × 24 =

2 × 26 =

布里安

7

☆☆ 2 × 24 =

🛡 7 × 1 =

🛡🛡 2 × 26 =

☆ 7 × 12 =

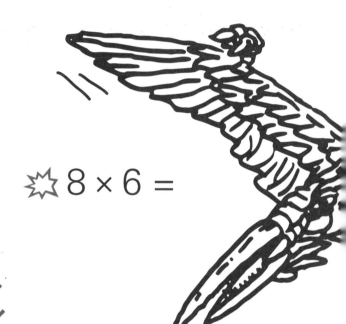

☆ 8 × 6 =

在此放置你的角色

🛡 8 × 3 =

☆ 8 × 5 =

☆ 8 × 4 =

☆ 8 × 10 =

🛡 8 × 7 =

星球

9

☆ $8 \times 8 =$

▽ $8 \times 11 =$

☆ $8 \times 9 =$

1米

☆ $8 \times 12 =$

☆ $8 \times 100 =$

▽▽ $1 \times 2 \times 3 =$

▽▽ $2 \times 2 \times 2 =$

▽ $1 \times 0 =$

扎里巴尔

☆ $8 \times 6 =$

⛊ $9 \times 3 =$

☆☆ $9 \times 7 =$

☆ $9 \times 4 =$

⛊ $9 \times 6 =$

在此放置你的角色

☆☆ $9 \times 9 =$

☆ $9 \times 10 =$

☆ $9 \times 8 =$

⛊⛊ $9 \times 12 =$

星球

$2 \times 3 \times 4 =$

$9 \times 0 =$

$2 \times 6 =$

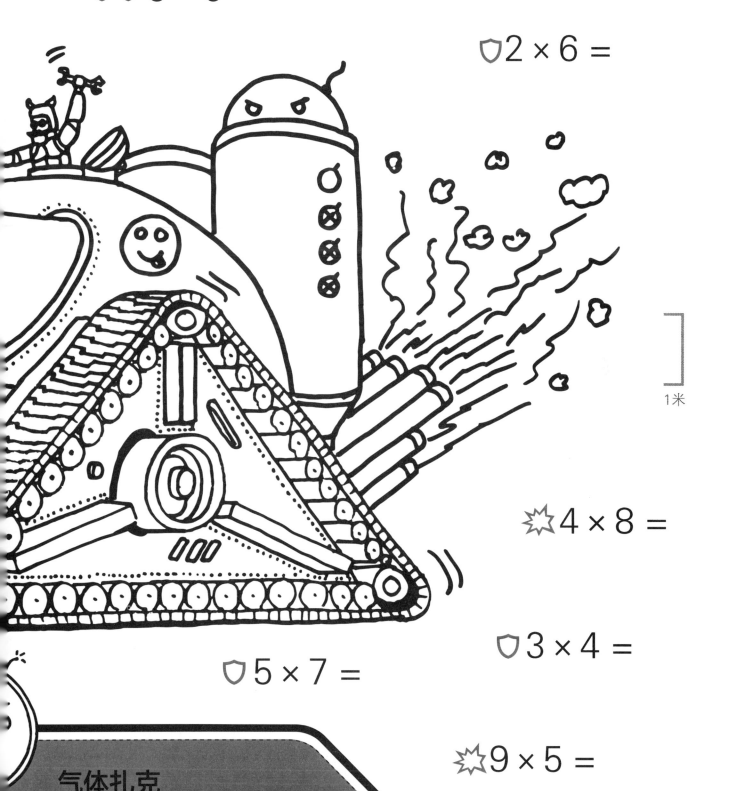

1米

$4 \times 8 =$

$3 \times 4 =$

$5 \times 7 =$

$9 \times 5 =$

气体扎克

星球：**气体扎克**　　　代表：**大亨**

　　除非你是高危冒险爱好者，否则不值得去气体扎克星球旅行。但如果在你的体内流淌的不是血液而是石油，生长的不是手臂而是螺母扳手，你的心脏是大本（图上的坦克）发动机，那么欢迎你来到气体扎克星球！这个星球一年719天昼夜不停地在开采石油。

这里制造巨大的机器、坦克、飞船。这里总是充满噪声，居民们喜爱囤积食物,不断争抢资源。这里的居民被称为大亨，他们蓄着长长的胡须，胡须里的灰尘比真空吸尘器里还多；戴着具有百倍放大功能的眼镜；穿着具有造水功能的服装。这里每个人都为自己而活。你根本没空眨眼睛，否则你可能既没有裤子也没有好心情了！

第五阶段

难度

●●●●●

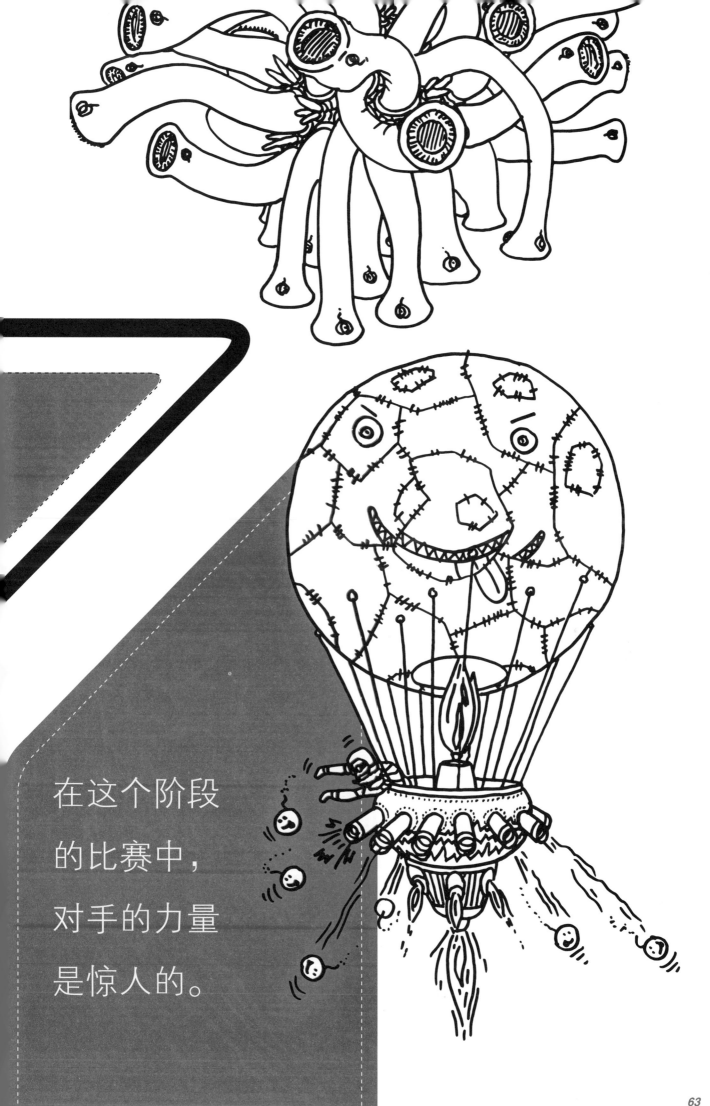

在这个阶段
的比赛中，
对手的力量
是惊人的。

　　不久前，这个星球才为人所知。它距离半人马座阿尔法星3500万光年。基·克里·斯特尔星球是被一个流浪者用望远镜发现的，根据成功获取的信息可以很明显地观察到，整个星球都是由叹为观止的、美丽而明亮的水晶聚集而成，这些水晶大小、形状、颜色都不相同。

　　基·克里·斯特尔星球曾是如此美丽，很多好奇者特意买票飞去参观。那几年，这个星球就是整个宇宙关注的焦点。在任何一个星际邮局都能找到该星球风景的明信片。

　　这个美丽的故事就到此为止了……一天晚上，一位住在星球北部巨型山洞中的艺术家，正在欣赏当地的日落美景——一场发生在水晶表面的宏伟光影游戏。这位艺术家正在面对一个十分壮观的水晶体写生，一切猝不及防地发生了，水晶突然开始移动，分成四部分，直冲着艺术家飞来。艺术家是个勇敢的家伙，他没有丧失理智，用画架和刷子挡住飞来的晶体，然后跑向自己的飞船，快速地发动了飞船，他奇迹般地躲过了与水晶的碰撞。

　　现在我们已经对萤火虫有所了解，这些智慧的发光能量体可以在未知力量的帮助下移动大量水晶体。它们在比赛中会有什么样的表现，让我们拭目以待吧！

8

11 × 10 =

11 × 11 =

11 × 100 =

3 × 2 =

2 × 3 × 6 =

31 × 2 =

在此放置你的角色

3 × 30 =

4 × 2 × 10 =

4 × 5 =

5 × 8 =

9 × 5 =

4 × 5 × 3 =

星球

12

$9 \times 4 =$

$5 \times 8 \times 2 =$

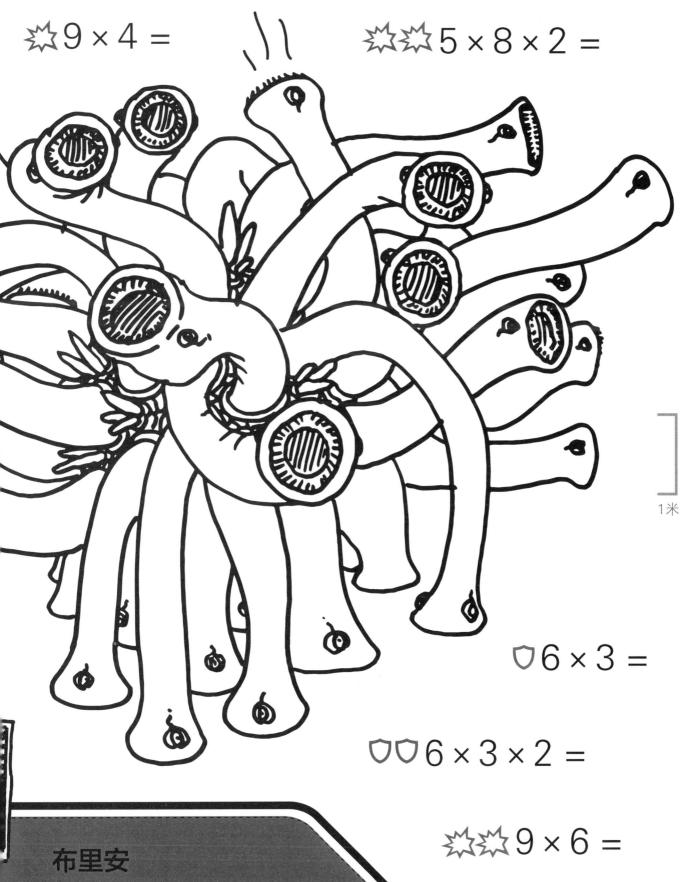

1米

$6 \times 3 =$

$6 \times 3 \times 2 =$

$9 \times 6 =$

布里安

$9 \times 7 =$

$9 \times 15 =$

$9 \times 2 =$

$9 \times 9 =$

$9 \times 20 =$

$3 \times 11 \times 2 =$

在此放置你的角色

$9 \times 3 =$

$3 \times 6 =$

$3 \times 7 =$

$9 \times 3 \times 2 =$

$3 \times 31 =$

$3 \times 9 =$

星球

7

🛡 2 × 3 =

✷ 3 × 12 =

1米

🛡 3 × 8 =

✷ 9 × 31 =

32A74C

✷ 2 × 33 =

8

$81 \times 0 =$

$4 \times 6 =$

$2 \times 5 =$

$2 \times 51 =$

$2 \times 50 =$

$4 \times 7 \times 2 =$

$4 \times 7 =$

在此放置你的角色

$5 \times 1 =$

$5 \times 11 =$

$5 \times 101 =$

$6 \times 110 =$

$6 \times 1 =$

星球

11

$2 \times 4 =$

$5 \times 9 =$

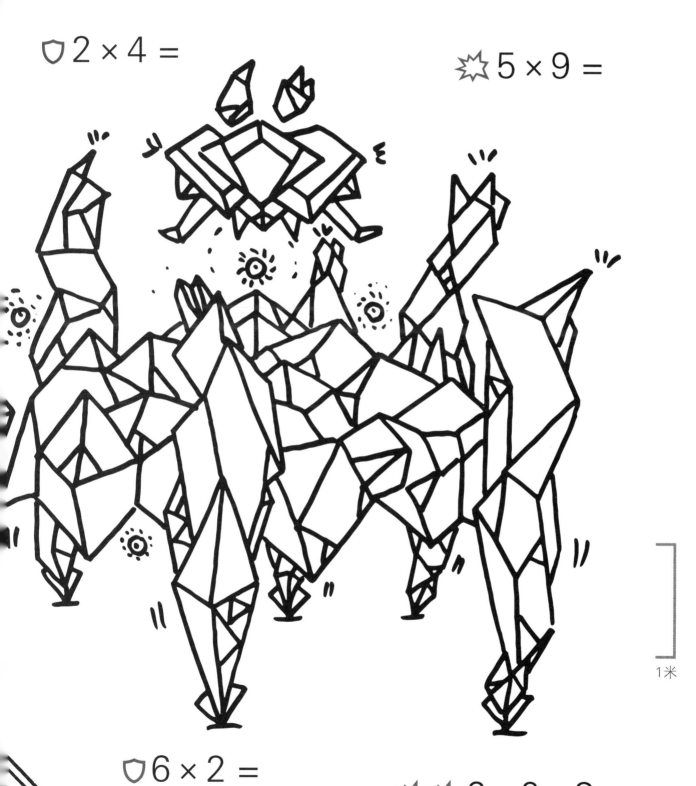

1米

$6 \times 2 =$

$6 \times 2 \times 3 =$

基·克里·斯特尔

$7 \times 9 =$

⛨ $2 \times 20 =$

✸ $11 \times 3 =$

✸ $2 \times 7 =$

✸ $2 \times 8 =$

⛨⛨ $2 \times 221 =$

✸ $2 \times 26 =$

在此放置你的角色

⛨ $50 \times 2 =$

⛨ $4 \times 3 =$

⛨⛨ $3 \times 52 =$

✸✸✸ $3 \times 101 =$

⛨⛨ $30 \times 4 =$

⛨ $3 \times 5 =$

星球

10

44 × 2 =

2 × 11 =

发挥想象，画出
一个西拉人。

51 × 3 =

5 × 4 =

扎里巴尔

5 × 40 =

☆ $3 \times 1 =$

☆ $3 \times 10 =$

☆ $3 \times 10 \times 3 =$

☆☆ $10 \times 4 \times 3 =$

⛉ $4 \times 4 =$

⛉⛉ $41 \times 4 =$

在此放置你的角色

⛉⛉ $4 \times 43 =$

⛉⛉ $5 \times 51 =$

☆ $9 \times 3 =$

⛉⛉ $9 \times 5 =$

☆ $8 \times 8 =$

⛉⛉ $9 \times 8 =$

星球

10

 9 × 6 =

 5 × 5 =

 9 × 90 =

9 × 4 =

1米

气体扎克

9 × 7 =

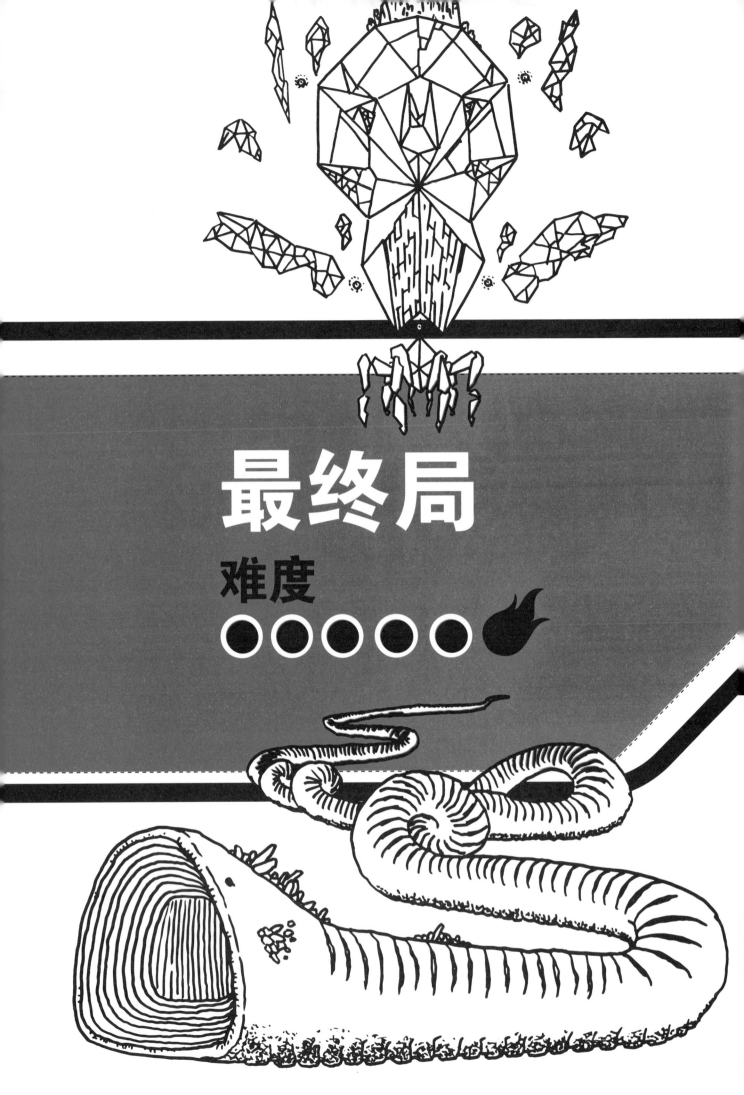

最终局

难度

●●●●●

这轮比赛将决定竞赛的结果。

你的**角色**

⛉ 4 × 10 =

✶ 4 × 12 =

✶✶ 40 × 15 =

✶ 14 × 4 =

在此放置你的角色

⛉ 5 × 2 =

⛉ 22 × 5 =

⛉⛉ 5 × 23 =

✶ 5 × 6 =

✶✶ 5 × 62 =

星球

12

5 × 61 =

6 × 7 =

6 × 4 =

50 × 8 =

8 × 5 =

1米

8 × 51 =

6 × 90 =

92 × 6 =

扎里巴尔

6 × 9 =

$3 \times 6 =$

$3 \times 6 \times 2 =$

$2 \times 0 \times 81 =$

$8 \times 4 =$

$3 \times 3 \times 7 =$

$0 \times 55 =$

$7 \times 11 =$

在此放置你的角色

$3 \times 7 =$

$6 \times 5 =$

$6 \times 5 \times 3 =$

$6 \times 10 \times 8 =$

$6 \times 8 \times 2 =$

$6 \times 8 =$

星球

12

$12 \times 7 =$

$7 \times 11 \times 2 =$

发挥想象，画出
一个大亨。

$12 \times 9 =$

$8 \times 9 =$

$9 \times 11 =$

气体扎克

✦✦✦ 2 × 5 × 5 × 3 =   ✦ 9 × 8 =

✦✦✦ 2 × 3 × 4 × 3 =

◌◌◌ 2 × 4 × 3 × 10 =   ◌ 4 × 13 =

◌ 0 × 16 × 0 =

在此放置你的角色

✦ 5 × 13 =

✦ 17 × 34 × 0 =   ✦ 9 × 4 =

✦ 11 × 11 =

星球

13

$8 \times 1 \times 2 \times 3 =$

$0 \times 0 =$

$4 \times 5 =$

$8 \times 5 =$

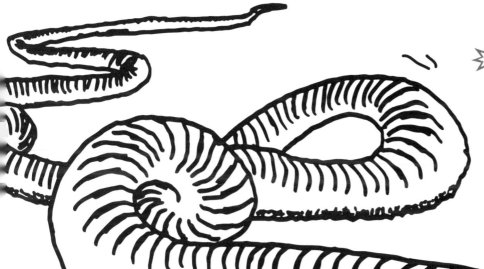

$7 \times 3 =$

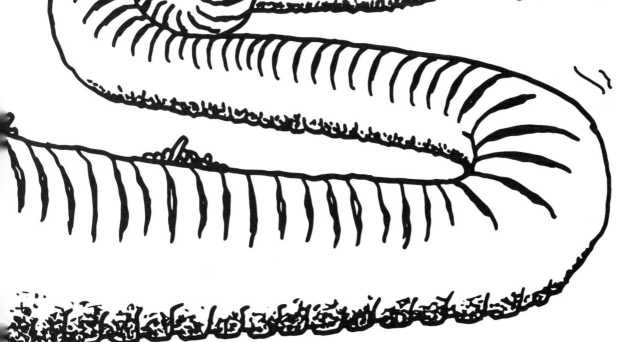

1米

$2 \times 21 \times 2 =$

$3 \times 81 =$

布里安

$10 \times 100 =$

9

2 × 5 =

7 × 4 =

7 × 4 × 5 =

8 × 2 =

101 × 2 =

24 × 2 =

111 × 3 =

在此放置你的角色

4 × 8 =

22 × 3 =

330 × 3 =

3 × 25 =

4 × 8 × 2 × 10 =

80 × 4 =

星球

⛊ 6 × 5 =

✸✸ 15 × 3 × 1 =

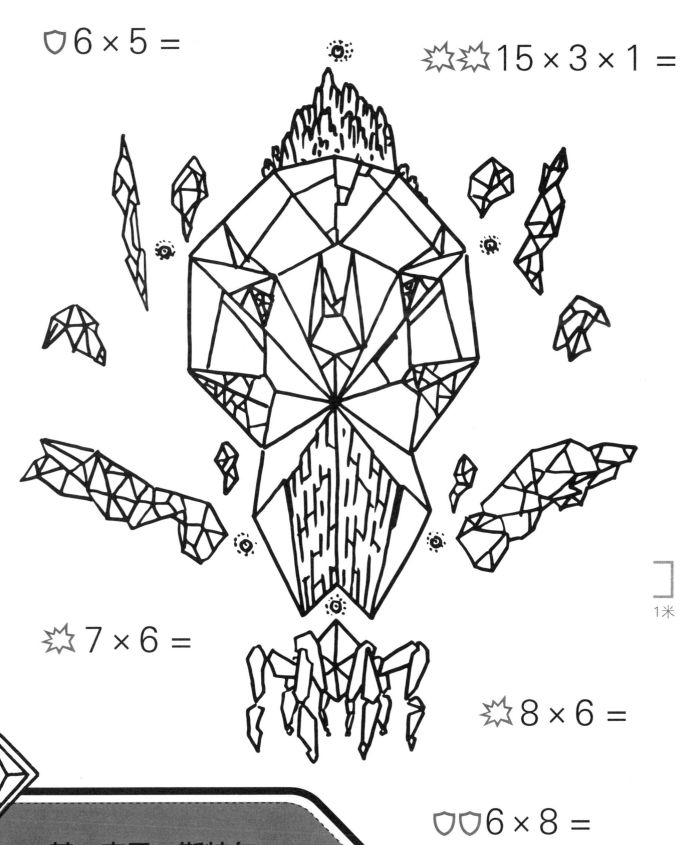

✸ 7 × 6 =

✸ 8 × 6 =

1米

基·克里·斯特尔

⛊⛊ 6 × 8 =

9

$34 \times 3 =$

$16 \times 21 =$

$21 \times 20 =$

$2 \times 73 =$

$9 \times 7 =$

$12 \times 3 \times 3 \times 2 =$

$5 \times 7 \times 2 =$

在此放置你的角色

$51 \times 2 =$

$35 \times 3 =$

$3 \times 55 =$

$62 \times 2 =$

$11 \times 11 \times 2 =$

$21 \times 21 =$

星球

16 × 2 =

9 × 5 =

9 × 6 =

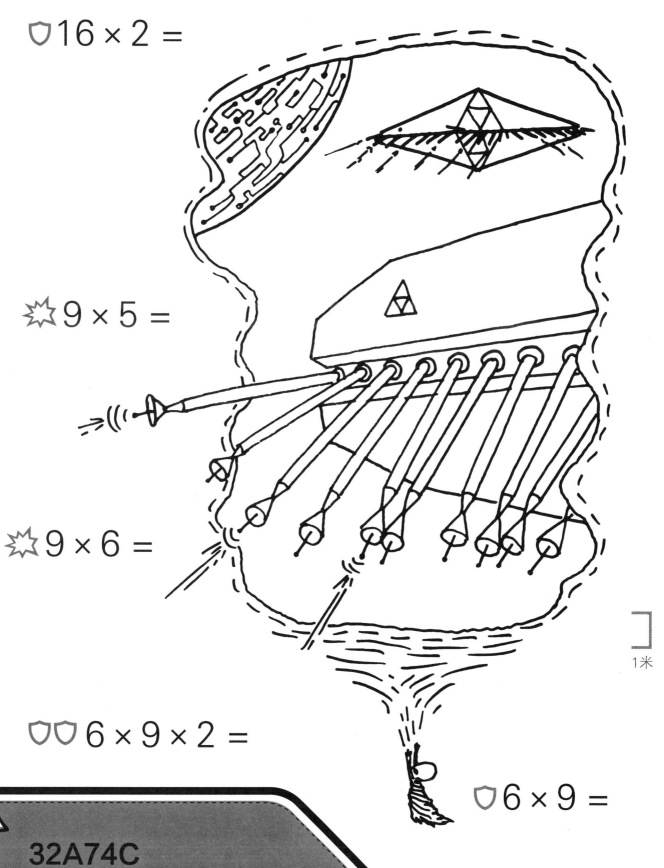

6 × 9 × 2 =

6 × 9 =

1米

32A74C

给胜利者的奖品

竞赛胜利者奖章

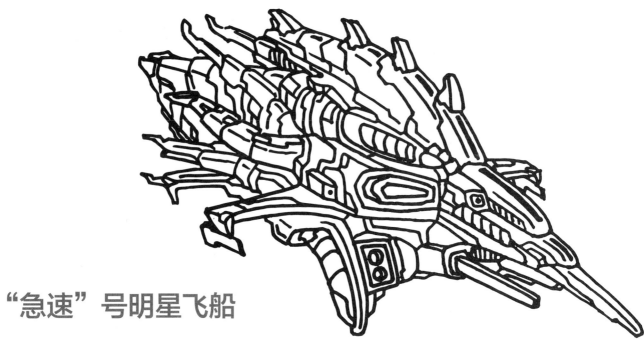

"急速"号明星飞船

恭喜你获得星际骑士锦标赛冠军！

你在极限条件下进行战斗，完成了比赛，也许你很容易就赢得了胜利——我们可不这么想。无论如何，现在你认为自己的名字将一直闪耀在半个宇宙中，直到下一场比赛。等待你的将是获胜者的奖品——最新的太空飞船和竞赛胜利者的奖章！

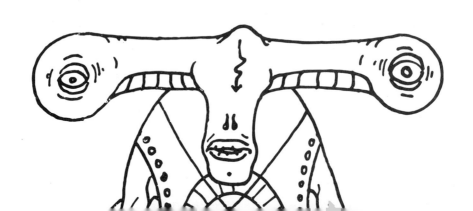